Erich Klansek / Paul Herberstein

Hasen

Fibel

Österreichischer Jagd- und Fischerei-Verlag

Titelbild: Stefan Meyers

Fotos: Richard Altmann (Seite 68 oben); Hansgeorg Arndt (94 unten); Michael Breuer (69, 87 o.); Helmut Ctverak (94 o.); Gerhart Dagner (86); Manfred Danegger (70 o., 77, 78 o., 81 o., 83 o., 87 u.); Ingo Gerlach (71 o., 80 u., 82 o., 85 u.); Dieter Hopf (68 u.); Erich Klansek (72 o., 73, 81 u.); Stefan Meyers (80 o., 83 u., 93 u.); Michael Migos (66 u., 84, 85 o., 92); Helmut Pieper (70 u., 74, 75, 76, 82 u., 96); Helmut Pum (65, 88 o., 89, 90 o., 91 o.); Jürgen Schiersmann (66 o., 71 u., 78 u., 93 o.); Adolf Schilling (67, 79, 88 u., 90 u.); Helge Schulz (91 u.); Miroslav Vodnansky (95); Karl-Heinz Volkmar (72 u.)

Tabelle auf Seite 48: Ing. Alois Gansterer

Zeichnungen: Hubert Zeiler

Verlagsassistenz und Sekretariat: Angela Blume-Pleyel
Vertriebsleitung: Hermann Rammelow-Striednig

Satzhase & Seitenschnitzer & Buchmacher: Michael Sternath

... issare vivaloo leGoofrunnin, fast too fast, buttissok, keapsGoofa live, faw Eva&Eva ...

Repro: Blaupapier, Wien (Gernot Weninger-Löffler)

Gesamtherstellung: Druckerei Theiss, Sankt Stefan im Lavanttal

ISBN 978-3-85208-123-6

Vorwort

Der Feldhase ist seit vielen Jahrtausenden eng mit uns Menschen verbunden. Als ursprünglicher Steppenbewohner folgte er uns nach, als wir aus finsterem Wald fruchtbaren Acker machten und sesshaft wurden. Seit damals ist er nicht mehr aus der Kulturlandschaft wegzudenken – und auch nicht aus unserer Volkskultur: Als Fruchtbarkeitssymbol bringt der Hase im Frühling nicht nur die Ostereier, sondern er steht auch Pate für unzählige Redewendungen. Und noch vor wenigen Jahrzehnten lag er fast selbstverständlich bei den großen Herbstjagden meist hundertfach auf der Strecke.

Der Osterhase ist geblieben, die üppigen jagdlichen Zeiten auf den Feldhasen sind hingegen vorbei. Mümmelmann ist in vielen Revieren selten geworden. Immer intensiver betriebene Landwirtschaft, der stetig wachsende Straßenverkehr und zunehmende Raubwildbestände haben dem Kulturfolger zugesetzt.

Diese Fibel ist ganz bewusst allein dem Feldhasen und nicht auch anderem Niederwild gewidmet, um ihn wieder mehr in den Mittelpunkt zu rücken. Sie ist keine Anleitung zur Hasenjagd, sondern beantwortet vielmehr Fragen mitten aus seinem Leben: Wie und wovon lebt er? Welche körperlichen Besonderheiten zeichnen ihn aus? Und was unterscheidet den Junghasen von einem Althasen? In Sachen Jagd beantwortet diese Fibel vor allem jene Fragen, die vorab gestellt werden müssen: Wie können wir den Hasen im Revier sicher bestätigen? Und wie hoch muss der Besatz überhaupt sein, um eine maßvolle Jagd zu ermöglichen? Damit wir wissen, wie der Hase läuft. Auch noch in vielen Jahren …

Österreichischer Jagd- und Fischerei-Verlag

Inhalt

1. Grundsätzliches

Von der nächtlichen Lebensweise über die intensive Körperpflege bis zum ausgeprägten Liebesleben – das folgende Kapitel erzählt, was den Feldhasen grundsätzlich ausmacht.

Geschichte

Schon lang vor dem Menschen zog der Feldhase seine Spur in unseren Breiten und wurde nur während der Eiszeit in klimatisch mildere Regionen zurückgedrängt. Von dort aus eroberte er nach und nach wieder die Steppen Eurasiens.

Bei der Suche nach neuen Lebensräumen half dem Feldhasen auch der Mensch: Als dieser sesshaft wurde und immer mehr Wälder rodete, um auf den Flächen Viehzucht und Ackerbau zu betreiben, nutzte der Feldhase die neue Landschaft und das vielseitige Nahrungsangebot auch für sich: Einer der ältesten Kulturfolger im Tierreich war geboren. Und da sich der Feldhase bei günstigen Lebensbedingungen seit jeher stark vermehrt, wurde er schon früh zur eiweißreichen Fleischquelle und damit zum begehrten Jagdwild.

Seine Verbreitung war in Mitteleuropa bis weit in die 1970er-Jahre hoch und gewaltige Jagdstrecken in den Landwirtschaftsgebieten Österreichs, Deutschlands und der osteuropäischen Nachbarländer keine Seltenheit. Erst als riesige Agrarwüsten entstanden, ging es mit dem Feldhasen bergab. Das Äsungsangebot schwand, und gleichzeitig gönnte der zunehmende Einsatz von technischer Gerätschaft dem Wild keine Verschnaufpausen mehr: häufig das Todesurteil für frisch gesetzte, noch wenig mobile Junghasen.

Dazu kamen noch der stetige Ausbau des Straßennetzes mit immer mehr Verkehrsaufkommen und Fallwild sowie die Zunahme von Beutegreifern wie Habicht, Fuchs oder auch wildernden Katzen und Hunden.

Während die Zahl der Hasen hierzulande vielerorts stagniert oder sogar dramatisch abnimmt, verbreitet er sich insbesondere im ostasiatischen Raum aber immer noch weiter. Einbürgerungen erfolgten zudem in Australien und Neuseeland sowie im Nordosten Nordamerikas und im Süden Südamerikas. Erfolgreiche Wiederansiedlungen in Europa gab es etwa in Skandinavien und Großbritannien.

Weltweite Verbreitung des Feldhasen.
Die ursprüngliche Heimat ist schwarz-grau markiert,
die Gebiete, wo er eingebürgert wurde, sind dunkelgrau.

Lebensraum

Der Feldhase bewohnt von Natur aus offene und halboffene Landschaften wie Steppen, Dünen oder lichte Wälder. Als Kulturfolger fühlt er sich heute vor allem in reich strukturierten Agrarlandschaften mit eingestreuten Brachen, Hecken und Büschen sowie in angrenzenden Wäldern zu Hause. Vereinzelt wurde er auch schon über einer Meereshöhe von 2.000 Metern beobachtet.

Die höchsten Besatzdichten erreicht er in typischen Ackerbaugebieten mit geringen Niederschlagsmengen (unter 500 Millimeter im Jahr) und mittleren Jahresdurchschnittstemperaturen (mehr als 8 Grad Celsius).

Leichte, nach Regen rasch abtrocknende Böden werden vom Feldhasen bevorzugt. Ein geringer Waldanteil rundet seine Ansprüche an den Lebensraum ab. Hingegen sind Gebiete mit nasskalten Böden und mit hohem Waldanteil sowie reichlich Niederschlag und tiefen Temperaturen – aber auch besonders heißen Sommern – seit jeher hasenarm.

Den Wald meidet der Feldhase nach längerem Regen, bei Laubfall, Nebel und Tauwetter, das Feld hingegen bei hoher Schneelage und bei starkem Wind.

Der Feldhase bewegt sich mit Vorliebe entlang von Rand- und Grenzlinien. So sieht man ihn häufig auf Feldwegen oder zwischen zwei Äckern mit verschiedener Wuchshöhe oder Fruchtart hoppeln – und selten quer durchs Gemüse.

Berg-, Wald-, Moor- oder Heidehase stellen keine eigenen Unterarten dar, sondern werden aufgrund ihres bevorzugten Lebensraumes nur umgangssprachlich so genannt.

Der nächste Verwandte des Feldhasen ist der Schneehase. Überschneiden sich die Lebensräume der beiden Arten, kann es auch zu Nachwuchs kommen, der sogar noch in zweiter Generation zeugungsfähig ist. Forschungen in Graubünden in der Schweiz ergaben, dass dort bereits an die 5 Prozent der dortigen Hasenpopulation solchen „Mischehen“ entspringen.

Kreuzungen zwischen Feldhase und Wildkaninchen, die in vielen Gebieten gemeinsam vorkommen, sind hingegen nicht möglich.

Lebensweise

Der Feldhase ist überwiegend dämmerungs- und nachtaktiv und lebt meist einzelgängerisch. Sein Streifgebiet markiert er mit Kot, Harn oder Sekret aus Duftdrüsen am Kopf und nahe der Blume. Das Drüsensekret streift der Feldhase entweder direkt an Pflanzen ab, oder er überträgt dieses Sekret zuvor auf die Pfoten. Abgesehen von der Rammelzeit ist der Feldhase während des Tages kaum aktiv. Er ruht meist und döst im Halbschlaf vor sich hin. Je tiefer er schläft, desto stärker sind die Augenlider geschlossen. Völlig geschlossene Augen sieht man aber praktisch nie.

Auch im Halbschlaf nimmt der Hase selbst leise Geräusche oder Bodenerschütterungen wahr und sichert dann wieder hellwach und mit offenen Augen. Ist die Störung nicht bedrohlich, entfernt er sich in langsamen Hopsern und nur ein kurzes Stück weiter. In Panik jedoch flüchtet er mit hoher Geschwindigkeit über weite Strecken, bis er sich außerhalb der Gefahr wähnt. Dabei legt er die Löffel eng an den Körper an und stellt die Blume auf. Die Rückkehr in die Sasse kann danach Stunden dauern. Hat er sich wieder beruhigt – und das kann mitunter sehr schnell der Fall sein –, beginnt er meist zu äsen.

Der Feldhase ist eindeutig in den Nachtstunden am häufigsten auf den Läufen. Bereits in der Abenddämmerung sind die ersten „Frühaufsteher" unterwegs. Aus den Tageseinständen rücken sie dann zu Felde an jene Stellen, wo es jahreszeitlich gerade die meiste Nahrung gibt. Dabei sind Hasen sowohl einzeln als auch in Gruppen unterwegs, in denen es mitunter recht munter zugeht: Die Hasen laufen fröhlich umher, schlagen Haken, vollführen Hochsprünge und wälzen sich auch auf der Erde: meist reine Bewegungsspiele, die nichts mit dem Paarungsverhalten zu tun haben. Solche Gruppenbildungen dienen dem an sich eher einzelgängerischen Feldhasen auch dazu, besser vor Feinden geschützt zu sein: Viele Seher und Löffel nehmen bekanntlich mehr wahr als nur zwei …

Am nächsten Morgen, spätestens mit Sonnenaufgang, begeben sich die meisten Hasen wieder zur Ruhe und verteilen sich auf ihre eigenen, nicht strikt abgesteckten Reviere. Während der Wintermonate geben sie das territoriale Verhalten auf. Alle Hasen suchen dann die besten Deckungs- und Äsungsflächen auf.

Nahrung

Die frisch gesetzten Junghasen – auch „Fäustlinge" genannt – werden zunächst nur mit der besonders nahrhaften Muttermilch ernährt. Diese hat einen Fettgehalt von über 23 Prozent. Mit etwa 10 Tagen nehmen sie allerdings bereits erste Grünpflanzen auf. Nach einer Säugezeit von etwa 4 Wochen werden Feldhasen zu reinen Pflanzenfressern.

Als Nahrung dienen ihnen sowohl die natürliche Vegetation wie etwa Löwenzahn, Spitzwegerich, Rispengräser, Klee und verschiedene Wildkräuter als auch Kulturpflanzen wie Luzerne, Hafer, Erbsen oder Kohl. Im Gegensatz zu anderem Wild nimmt der Feldhase in landwirtschaftlich genutzten Gebieten während der Wintermonate – für viele Tiere eher eine kulinarische Notzeit – sogar an Körpermasse zu. Der Grund sind nahrhafte Erntereste aus dem Herbst wie Rübe, Mais oder Kartoffel sowie auch frisches, grünes Wintergetreide oder Raps. Feldhasen stehen daher auch zu Beginn der Rammelzeit im Jänner voll im Saft.

Im Wald gehören Gräser, Kräuter, Knospen, junge Triebe aber auch Rinde zur Nahrung. Oft nimmt der Feldhase nur einzelne Pflanzenteile zu sich oder bevorzugt diese lediglich in bestimmten Entwicklungsstadien.

Sinne

Um in der freien Natur überleben zu können, setzt der Feldhase vor allem auf Feindvermeidung. Dazu muss er aber Gefahren rechtzeitig erkennen, richtig einschätzen, rasch reagieren und letztendlich auch schnell fliehen können. Körper und Sinne sind perfekt darauf ausgerichtet.

Ins Auge stechen zunächst die seitlichen und hoch oben am Kopf liegenden Seher. Ohne den Kopf zu drehen, ermöglichen diese selbst einem regungslos und tief in der Sasse liegenden Hasen einen Rundumblick, um etwa den sich von hinten heranschleichenden Fuchs zu entdecken. Die Sehkraft an sich ist eher dürftig und nur wenig plastisch. Mit ihr nimmt der Hase vor allem Bewegungen wahr.

Bei hohem Pflanzenwuchs richtet sich der Feldhase manchmal auf seine Sprünge – er macht einen Kegel –, um sich von einer höheren Warte einen besseren Überblick zu verschaffen. Auch während einer nicht überstürzten Flucht bleibt der Hase mitunter stehen und stellt sich in ganzer Größe auf seine Hinterläufe oder macht hohe Orientierungssprünge, ehe er weiterflüchtet. Bei ihm vertrauten Störungen – wie etwa landwirtschaftlicher Arbeit oder Autoverkehr – verlässt der Feldhase den Ruheplatz oder die Äsungsfläche eher gemächlich.

Der Gehörsinn ist beim Feldhasen außerordentlich gut. Die überlangen, einzeln in verschiedene Richtungen beweglichen Löffel versetzen ihn beim leisesten verdächtigen Geräusch in Alarmbereitschaft. Die Behaarung an den Löffeln dient dazu, die Gehörgänge vor Staub und Dreck zu schützen.

Der Feldhase ist aber eindeutig ein Riechtier. Seine Nase dient ihm weniger um Gefahren auszumachen, als vielmehr um sich im Gelände zu orientieren und paarungsbereite Geschlechtspartner zu finden. Dabei werden vor allem Duftstoffe wahrgenommen, die an Pflanzenteilen haften oder als Markierung abgestreift worden sind. Der Geruchssinn dürfte auch bei der Nahrungswahl eine entscheidende Rolle spielen: Durch das Beschnuppern und Belecken des eigenen Harns werden kürzlich aufgenommene Pflanzen auf Futtertauglichkeit und Bekömmlichkeit überprüft.

Bei den nächtlichen Streifzügen sind die langen Tasthaare an Stirn und vor allem Wange und Äser hilfreich. Sie entsprechen der Körperbreite und warnen so etwa vor schlecht passierbaren Engstellen.

Körperpflege

Einen Teil des Tages verbringt der Feldhase mit intensiver Körperpflege – Häsin und Rammler gleichermaßen. Die Pflege läuft meist nach einem ganz bestimmten Schema ab: Zunächst richtet sich der Hase auf und schüttelt die Vorderläufe in der Luft aus. Gröbere Verunreinigungen wie Steinchen oder Erdklümpchen werden so aus den Vorderläufen geschleudert. Bleibt etwas hartnäckig in den Vorderpfoten hängen, wird es mit den Zähnen entfernt.

Danach kommt die Gesichtspflege: Die Vorderpfoten putzen das Gesicht, zunächst rund um den Äser, dann die Wangen und schließlich die Löffel. Dabei trägt der Feldhase auch Sekret aus Wangen- und Kinndrüsen auf seine Pfoten auf, um später eine eigene Duftspur legen zu können. Die Löffel reinigt er mit beiden Vorderpfoten, was häufig ein herziges Bild ergibt, wenn ein Löffel nach unten gebogen wird, während der andere aufrecht und lang auf dem Kopf steht. Ist das Gesicht sauber, werden die restlichen, mit dem Kopf erreichbaren Teile des Körpers beleckt. Die Zehenzwischenräume werden besonders gepflegt.

Bei dieser intensiven Pflege schluckt der Feldhase jede Menge lose Haare, die im Mageninhalt und später in der Losung deutlich und in vergleichsweise großer Menge zu finden sind.

Neben der Fellpflege wälzt sich ein Feldhase auch im Sand oder auf trockener Erde. Davor bearbeitet er meist kurz den Boden – möglicherweise um das eigene Körpersekret im „Sandbad“ zu verteilen und sich so gleichzeitig im eigenen Duft zu wälzen. Das Sandbad selbst dient dazu, lästige Insekten loszuwerden oder sich durch eine Staubschicht vor ihnen zu schützen. Fälschlicherweise hält man solche Hasen, die sich in zum Teil wilden Körperverrenkungen am Boden wälzen, immer wieder für kranke oder verletzte Tiere.

Fortpflanzung

Die Rammelzeit beginnt meist im Jänner und kann sich bis in den September hinziehen. Höhepunkt ist aber eindeutig der Frühling zwischen März und April. Das ist jener Zeitraum, in dem auch die größten Rammelgruppen auf den freien Flächen zu sehen sind. Feldhasen können an sich das ganze Jahr über Nachwuchs zeugen, vereinzelt setzen Häsinnen sogar bis zu vier Mal im Jahr. Das natürliche Geschlechterverhältnis beim Feldhasen beträgt in der Regel 1:1.

Hat ein Rammler eine paarungsbereite Häsin gewittert, weicht er ihr über Stunden – in Ausnahmefällen sogar über Tage – nicht mehr von der Seite. Mit Harn und körpereigenem Sekret versucht er, die Häsin in Stimmung zu bringen und für sich zu gewinnen. Eine noch nicht paarungsbereite Häsin droht häufig mit zurückgelegten Löffeln, scheut aber auch nicht davor zurück, allzu aufdringliche Männchen mit kräftigen Hieben oder gar Bissen in die Schranken zu weisen.

Kommen weitere Rammler dazu, bildet sich hinter einer Häsin nicht selten eine Gruppe aus mehreren Männchen, die um die Braut wetteifern und ihr auf Schritt und Tritt folgen. In gut besetzten Feldrevieren finden sich im Frühling manchmal sogar mehrere solcher Hochzeitsgesellschaften mit bis zu hundert Hasen auf kleiner Fläche zusammen. Neben dem Geruch, den paarungsbereite Häsinnen verbreiten und den Rammler auf weite Strecken zielstrebig wie ein Jagdhund verfolgen, dürfte den Männchen auch die weithin leuchtende weiße Blume als optisches Orientierungssignal dienen. Zwischen rivalisierenden Männchen kann es zu heftigen, meist aber verletzungsfreien Kämpfen kommen: Die Rivalen stellen sich dabei auf die Sprünge und boxen mit den Vorderpfoten aufeinander ein.

Ist das Werben erfolglos oder die Paarung vorbei, zieht der Rammler rasch weiter und sucht die nächste Häsin. Die ersten Junghasen des Jahres werden nach einer etwa 42-tägigen Tragzeit bereits Ende Februar/Anfang März als „Märzhasen" gesetzt – nicht selten bei noch nasskaltem und damit lebensbedrohlichem Wetter.

Meine Adresse:

Familienname

Vorname

Straße

PLZ/Ort

E-mail: verlag@jagd.at
Internet: www.jagd.at

Bitte frankieren

Österreichischer
Jagd- und Fischerei-Verlag
Wickenburggasse 3
1080 Wien

Tel. 01/405 16 36-25
Fax 01/405 16 36-59

Bestellung

zur sofortigen Lieferung per Nachnahme an meine umseitig angegebene Anschrift zzgl. Versandspesen (Stammkunden auf Wunsch auch mit Erlagschein)

Stück	Titel	Thema / Autor	Preis
	Jagd & Praxis		
	Riegeljagd	Richtig riegeln! / Bruno Hespeler	€ 35,–
	Büchse	Der perfekte Kugelschuss! / Norbert Steinhauser	€ 35,–
	Flinte	Schrotschießen leicht gemacht! / Nicky Szápáry	€ 31,–
	Jägersprache	Wie sagt man wo? / Hermann Prossinagg	€ 33,–
	Jägerbrauch	Herberstein / Schaschl / Stättner / Sternath	€ 39,–
	Rehwild-Ansprechfibel	Paul Herberstein / Hubert Zeiler	€ 23,–
	Rotwild-Ansprechfibel	Hubert Zeiler / Paul Herberstein	€ 23,–
	Gamswild-Ansprechfibel	Hubert Zeiler / Paul Herberstein	€ 23,–
	Schwarzwild-Ansprechfibel	Siegfried Erker / Paul Herberstein	€ 23,–
	Birschfibel	Richtig birschen! / Paul Herberstein	€ 19,–
	Jagd & Wild		
	Rehe im Wald	Alles übers Reh! / Hubert Zeiler	€ 65,–
	Rotwild in den Bergen	Alles übers Rotwild! / Hubert Zeiler	€ 65,–
	Gams	Alles über den Gams! / Hubert Zeiler	€ 65,–
	Schweiß – Bilder der Jagd	Ein Fotoband der Sonderklasse! / Markus Zeiler	€ 127,–

Eine Besonderheit beim Feldhasen ist die sogenannte Superfötation: Etwa ab dem 36. Trächtigkeitstag kann eine Häsin erneut befruchtet werden und hat dann gleichzeitig zwei Generationen Embryonen inne. Eine solche Superfötation kommt in freier Wildbahn zwar eher selten, aber dennoch gelegentlich vor.

Gerade beim Feldhasen schwankt die Fortpflanzungsrate von Jahr zu Jahr mitunter massiv. Diese Schwankungen können gleich mehrere Gründe haben: von der Witterung über die Raubwilddichte bis hin zu menschlichen Eingriffen durch Landwirtschaft, Verkehr oder Bejagung. Eine Häsin bringt pro Jahr bis zu 10 Junghasen zur Welt. Von diesen überlebt aber nur ein geringer Anteil von etwa 10 bis höchstens 30 Prozent. Somit kommen pro Häsin nur rund 1 bis 3 Junghasen bis zum Beginn der Jagdzeit im Herbst durch.

Jungenentwicklung

Feldhasen sind Nestflüchter und werden sehend und behaart geboren. Die durchschnittlich 3 bis 4 Junghasen – in Ausnahmefällen sogar bis zu 8 – werden von der Mutter allesamt an ein und derselben Stelle gesetzt. Dort liegen die „Fäustlinge" etwa 5 Tage meist gut gedeckt und aneinander geschmiegt, um so dem Wärmeverlust vorzubeugen. Erst danach rücken die Junghasen einige Meter voneinander weg. Dieses Verhalten, sich einzeln im Gelände zu verteilen, ist angeboren. Die Jungen drücken sich in jede Form von Deckung und liegen zunächst noch sehr fest. In den ersten Lebenstagen können Junghasen nur kriechen, erst später hoppeln sie. Sie sind das sprichwörtliche „gefundene Fressen" für verschiedenste Beutegreifer: von der Elster über den Fuchs bis zur streunenden Katze. Erst mit zunehmendem Alter beginnen die Junghasen, über etwas weitere Strecken zu flüchten.

Unmittelbar nach dem Setzen – aber auch später nach jedem Säugen – verlässt die Häsin ihren Nachwuchs. Das dient vor allem der Sicherheit, um nicht etwaige Räuber auf die wehrlosen Junghasen aufmerksam zu machen.

Nach der Geburt bekommen die Jungen – wie erwähnt – zunächst nur Muttermilch. Während die Junghasen trinken, legt sich die Häsin nicht hin, sondern bleibt meist auf den Keulen sitzen und beobachtet aufmerksam die Umgebung.

Die gesamte Säugezeit dauert rund 4 Wochen. Innerhalb eines Tages kommt die Häsin lediglich ein bis zwei Mal vorbei – meist bei Dämmerung oder Dunkelheit. Die Jungen bewegen sich selbstständig zum Säugeplatz. Das Säugen selbst dauert höchstens 2 bis 3 Minuten. Danach ziehen sich die Jungen sofort wieder in ihre Deckung zurück.

Nach etwa 10 Tagen nehmen die Junghasen schon pflanzliche Nahrung auf und werden nach dem 20. Lebenstag immer selbstständiger. Mit rund 4 Wochen sind sie meist endgültig sich selbst überlassen. Die Geschlechtsreife erreichen Feldhasen mit etwa 8 Monaten.

Bezeichnung	*Alter*
Junghase	ab Geburt bis etwa 10 Monate
Quarthase	etwa 6 Wochen (etwa ein Viertel der ausgewachsenen Größe)
Halbhase	2 bis 3 Monate (etwa die Hälfte der ausgewachsenen Größe)
Dreiläufer	3 bis 4 Monate (etwa Dreiviertel der ausgewachsenen Größe)
Althase	ab etwa 10 Monaten
Rammler	männlicher Hase
Häsin	weiblicher Hase

2. Im Revier

Von der Losung über die Sasse bis zum Hasenpass – dieses Kapitel führt durch all die Spuren und Merkmale, an denen man den Feldhasen im Revier erkennt.

Spuren

Die Hasenspur ist einfach zu erkennen, da der hoppelnde oder auch flüchtige Hase immer mit den Sprüngen über die Vorderläufe hinausgreift. Dabei werden die Hinterläufe parallel gesetzt und die Vorderläufe in einer Linie hintereinander. Die Abdrücke der Sprünge sind länglich und pantoffelförmig, die der Vorderläufe deutlich kleiner und kreisrund.

Beim langsamen Hoppeln setzen die hinteren Abdrücke nur wenig vor den vorderen auf, und die beiden Sprünge sind meist parallel. Bei schnellen Fluchten hingegen vergrößert sich der Abstand zwischen hinteren und vorderen Abdrücken, und die beiden Sprünge stehen meist leicht versetzt. Besonders gut sind Hasenspuren im Schnee, aber auch auf weichem Boden auszumachen.

Bis zu einem Alter von rund 4 Wochen ist die Spur eines Junghasen von der eines Althasen noch gut aufgrund der Größe zu unterscheiden. Ein erwachsener, territorialer Hase nutzt zudem häufig einen sogenannten Hasenpass: ein bevorzugter Wechsel, auf dem nicht nur die Pflanzen sichtbar niedergetreten sind, sondern der auch mit Duftmarken versehen ist und an dessen Rändern die Vegetation abgenagt und freigebissen wird.

Hasen sind gerade in der Nacht viel unterwegs und laufen oft stundenlang an nahrungsreichen Waldrändern oder Busch-

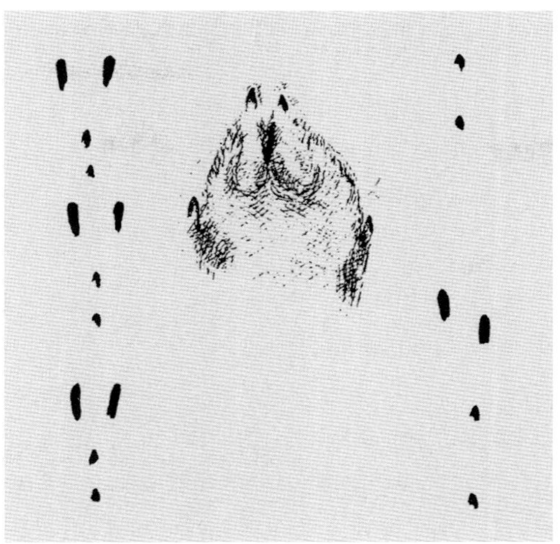

Tritt und Spur: links hoppelnd, rechts flüchtig.

gruppen entlang. Aufgrund der unzähligen Spuren kann dann leicht der falsche Eindruck einer hohen Hasendichte entstehen. Ein einfaches Spurenzählen ist beim Feldhasen daher völlig ungeeignet, um Aussagen über den Besatz im jeweiligen Revier zu treffen.

Losung

Die Kotpillen des Feldhasen findet man an Ruhe- und Äsungsplätzen sowie an Hasenpässen. Anhäufungen – wie etwa bei Kaninchen – sind selten, können aber als „Eigentumsmarkierung“ gedeutet werden. Die Losung liegt eher verstreut, da sie auch in der Bewegung abgegeben wird.

Die Kotpillen des Feldhasen sind rund bis leicht oval. Sie haben einen Durchmesser von 1,5 bis 2 Zentimeter. Im Winter, wenn sich der Feldhase überwiegend von Rinde, Knospen und Zweigen ernährt, ist die Losung trocken und gelblich-braun.

Wenn in der wärmeren Jahreszeit ausreichend saftige Nahrung zur Verfügung steht, ist die Losung dunkelbraun.

An der Oberfläche sind deutlich Reste von Pflanzenteilen zu erkennen. Bisweilen wird auch eine 2 bis 4 Zentimeter lange, weiche „Walzenlosung“ abgesetzt. Diese entsteht vermutlich durch besonders wasserhaltige Nahrung, wie etwa Rübe oder Apfel.

Blinddarmkot

Feldhasen produzieren neben der oben genannten Losung, die keine verwertbaren Nahrungsreste mehr beinhaltet, auch noch eine zweite Art von Kot: den sogenannten Blinddarmkot. Dieser wird nochmals aufgenommen, um eine bessere Ausnutzung der schwer verdaulichen Pflanzennahrung zu erreichen.

Der feuchte, in Schleim gehüllte Blinddarmkot ist hell und weich und hat die Form einer 4 bis 10 Zentimeter langen wurstförmigen Losung. Er wird in Ruhephasen ausgeschieden und direkt vom Weidloch weg wieder aufgenommen und unzerkaut geschluckt. Dieser Vorgang ähnelt meist einer Putzbewegung.

Der Sinn liegt in der besseren Verwertung der Nahrung. Ein solcher Kot, der bereits in dem beim Feldhasen besonders großen Blinddarm bakteriell vergoren wird, ist nämlich wesentlich eiweiß- und bakterienreicher als die normale Losung. Die zweimalige Passage von 80 bis 100 Prozent der Nahrung durch den Darmkanal ist daher für die Ernährung des Feldhasen entscheidend. Gleichzeitig werden die Tiere dabei auch mit Vitaminen versorgt – besonders mit denen der B-Gruppe, die von Bakterien gebildet werden.

Manchmal setzt der Feldhase Blinddarmkot auch in Paniksituationen ab.

Harn

Frisch abgesetzter Harn ist trüb und gelb. Unmittelbar nach dem Absetzen schnuppert oder leckt der Hase oft am eigenen Harn. Er überprüft damit die Qualität der kürzlich aufgenommenen Nahrung.

Beim Markierungsharnen hebt der Hase den Hinterkörper und zieht gleichzeitig die Blume hoch. Er markiert auf diese Weise nicht nur Äsungsplätze, sondern auch häufig genutzte Sassen und entlang von Pässen.

Ruheplätze

Während des Tages ruht der Feldhase überwiegend in einem Lager oder einer Sasse. Unter „Lager" versteht man dabei lediglich eine möglichst vegetationsfreie Fläche, die der Hase bestenfalls ein wenig freibeißt, nicht aber selbst gräbt. Die Sasse ist hingegen meist als Mulde angelegt, und der Feldhase gräbt sie häufig mit den eigenen Vorderpfoten.

Als Ruheplatz sucht ein Feldhase bevorzugt Stellen, die einerseits Deckung geben, von denen er andererseits aber auch eine gute Rundumsicht hat, um Feinde oder Gefahren rasch wahrzunehmen. Häufig legt sich der Feldhase dabei mit dem Hinterteil gegen einen Baumstumpf, Busch oder eine sonstige Deckung. Typische Ruheplätze sind der Körperform entsprechend länglich und – etwa im Vergleich zu jenen von Rehen – deutlich kleinflächiger.

An heißen Tagen gräbt der Feldhase die Sasse tiefer, um so den Körper besser zu kühlen. Mit hohen Temperaturen kommt er schlechter zurande als mit tiefen. Seine langen dünnen Löffel, in denen das Blut schnell abkühlt und von dort wieder in den Körper zurückfließt, schützen ihn allerdings bis zu einem gewissen Grad vor Überhitzung.

Im Winter ruht der Feldhase hingegen gern an sonnigen Stellen. An besonders frostigen oder schneereichen Tagen macht er sich gegen den Wärmeverlust so klein und kugelig wie möglich und schiebt seine Vorderläufe unter den Körper. Dabei dreht er diese so, dass die Sohlen geschützt nach oben zu liegen kommen, gegen den Wildkörper. Eigene Schneehöhlen gräbt der Feldhase nicht, auch lässt er sich nicht einschneien.

Bei Störungen vertraut ein Feldhase seiner guten Tarnung und hält sich erstaunlich lang in der Sasse, ehe er die Flucht ergreift. Nach langen Ruhephasen – etwa nach einer mehrstündigen Siesta um die Mittagszeit – dehnt und streckt sich ein Feldhase ausgiebig: Er fährt die Sprünge aus, zieht den Rücken hoch und streckt die Vorderläufe von sich.

Nahrungsspuren

Im Gegensatz zum Schalenwild haben Pflanzenteile, die vom Feldhasen gefressen oder verbissen werden, eine glatte Abbissfläche. Beim Schalenwild fehlen die Schneidezähne im Oberkiefer, dadurch wird die Pflanze eher abgerupft, und es entstehen ausgefranste und gequetschte Bissflächen.

Außerdem kann auch der Verbisswinkel Aufschluss geben: Bei Feldhasen ist dieser meist bei etwa 45 Grad, während er bei Schalenwild meist quer zur Längsachse der Pflanze verläuft.

Die Höhe, in der sich insbesondere ältere Verbissstellen befinden, kann hingegen trügen: Man vergisst dabei gern die Schneehöhe im Winter.

Lautäußerungen und Signale

Der Feldhase verfügt über eine ganze Reihe von Lautäußerungen und Signalen, die er zum Teil sehr unterschiedlich verwendet.

Klagen

Der bekannteste Laut ist wohl das Klagen: ein lautem Babygeschrei ähnlicher Klang, der von Hasen im Todeskampf ausgestoßen wird. Bei Treibjagden hört man ihn etwa beim Abfangen durch den Hund oder beim Abschlagen.

Das Klagen dient vor allem als akustisches Warnsignal für Artgenossen. Diese fliehen daraufhin oder aber kommen zu Hilfe. Das Zustehen von Althasen – vermutlich Häsinnen – auf das Klagen von Junghasen kommt immer wieder vor.

Als Jäger ahmt man das Klagen auch mit speziellen Lockern nach, um Raubwild anzulocken.

Murren

Das Murren – oder auch Knurren – klingt wie ein verhaltenes Räuspern oder Hecheln und wird beim Ein- und Ausatmen ausgestoßen. Häufig ist es dann zu hören, wenn sich Feldhasen gegenseitig jagen oder streiten, bei Junghasen auch vor dem Säugen oder wenn sie von einem Raubwild ergriffen werden.

Manchmal erzeugen Hasen auch knirschende Laute mit den Zähnen – etwa wenn man sich ihnen nähert, wenn sie in Netzen gefangen sind.

Vor und während der Paarung hört man bisweilen auch ein leises Heulen oder Weinen der Rammler.

Klopfen

Ein Warngeräusch für Artgenossen ist das Klopfen mit den Sprüngen. Im Gegensatz zum Kaninchen, das ja in Kolonien lebt, wird es aber beim Feldhasen nur selten zu sehen und zu hören sein.

Zucken mit der Blume

Ein seitliches Zucken mit der kurzen Blume signalisiert beim Feldhasen freudige Erregung und Wohlbefinden – ähnlich dem Schwanzwedeln beim Hund.

Wildkörper

Vom Wildbretgewicht über die Körperdrüsen bis zum Haarwechsel – die wichtigsten Eckdaten über den Wildkörper des Feldhasen sind im folgenden Kapitel kurz zusammengefasst.

Zahlen und Maße

Das Lebendgewicht eines Althasen beträgt in unseren Breiten zwischen 2,5 und 5 Kilogramm. Bei Hasen unter diesem Gewicht handelt es sich mit ziemlicher Sicherheit um Junghasen. Das Gewicht schwankt aber im Laufe eines Jahres erheblich.

Die Kopf-Rumpf-Länge eines Feldhasen beträgt zwischen 50 und 75 Zentimeter, die Hinterfußlänge bei den Sprüngen

erreicht bis zu 15 Zentimeter. Die Blume misst zwischen 7 und 11 Zentimeter, die Löffel 12 bis 13 Zentimeter.

Der Feldhase hat an den Vorderläufen fünf, an den Sprüngen nur vier Zehen. Hochflüchtig können Geschwindigkeiten von über 60 Kilometer in der Stunde erreicht werden. Das hohe Tempo und die oft rasanten Starts machen erst das fehlende Schlüsselbein, die biegsame Wirbelsäule und die kräftigen langen Hinterläufe möglich. Dazu verfügt der Feldhase noch über ein großes Herz sowie ein hohes Lungenvolumen, um auch über längere Strecken seinen Verfolgern zu entkommen.

In freier Wildbahn kann ein Hase – selten aber doch – bis zu 8 Jahre alt werden, in Gefangenschaft sogar an die 12 Jahre.

Körperdrüsen

Der Feldhase besitzt verschiedene Körperdrüsen. Das Backenorgan besteht aus einer rinnenförmigen Einsenkung vom Mundwinkel bis zur Backenpartie. Mit der Kinndrüse und der im Nasenlappen sitzenden Pigmentdrüse streift der Hase durch Reibebewegungen seinen Duft an markanten Geländepunkten ab, wie etwa an Steinen, Zweigen oder Baumstümpfen. Weitere Duftorgane befinden sich noch im Genital- und Analbereich.

Balg

Junghasen kommen mit einem dichten Fell gekräuselter Haare auf die Welt. Es wird bereits nach wenigen Wochen gewechselt. Es hat bereits die gleiche Farbe wie jenes eines Althasen.

Das Fell der Althasen besteht aus dichtem, bis zu 1 Zentimeter langem Wollhaar und dem – vor allem im Winter – bis zu 3 Zentimeter langen Deckhaar. Einzelne Grannenhaare an den Flanken können sogar bis zu 10 Zentimeter lang werden. Das Haarkleid ist mit Ausnahme des Bauches vielfarbig. Vorherrschend ist der Balg erdfarben, mit zum Teil gelblicher bis rötlicher Tönung. Die Blume ist an der Oberseite schwarz, an den Seiten und auf der gesamten Unterseite weiß. Wenn man auf die Blume draufschaut, so wirkt sie daher weiß mit „schwarzem Aalstrich" in der Mitte (siehe Zeichnung unten). Bauch und Unterseite sind beim Feldhasen weiß.

Der junge Hase besitzt in der Regel eine dunklere, sattbraune Farbe und hat weiche, weiße Wollhaare an der Bauchunterseite.

Die Deckhaare eines Althasen sind hingegen meist braun wie Ackererde und die Unterwolle mehr schwarz. Nach Regengüssen wirken die Deckhaare dunkler, und passen sich daher farblich der nassen Ackererde bestens an.

Junge Hasen tragen manchmal einen weißen Stirnfleck. Man spricht dann von einem „Sternhasen“. Ein sicheres Altersmerkmal ist diese Blässe aber nicht.

Zwischen Häsin und Rammler gibt es keine Unterschiede im Haarkleid und in der Farbe. Einzig zur Rammelzeit kann eine besonders hitzige Häsin von Rammlern derart bedrängt worden sein, dass sie im Rückenbereich größere blutunterlaufene kahle Stellen aufweist. Eine solch abgerammelte Häsin erholt sich selten und verendet meist.

Den Hasenbart, die etwa vierzig bis zu 15 Zentimeter langen Schnurrhaare, tragen beide Geschlechter, wobei die längeren Haare meist grau bis weiß, die kürzeren eher schwarz sind.

Beim Feldhasen gibt es große individuelle Unterschiede in der Balgfärbung. Auch Abweichungen von den oben genannten Farbtönen oder Anomalien treten hin und wieder auf.

Haarwechsel

Beim Feldhasen erfolgt zwei Mal im Jahr ein Haarwechsel: Von Februar bis Ende Juni – mit Höhepunkt im April – wird das dunklere Winterhaar gegen eine meist hellere Sommerfärbung getauscht. In dieser Zeit wirkt der Balg oft ein wenig struppig, da die weiße Winterwolle ausfällt. Von Juli bis November wächst dann wieder das Winterfell. Der Höhepunkt dieses Haarwechsels ist bei den meisten Hasen im Oktober.

Ansprechen

Ein wirkliches Ansprechen – wie etwa beim Schalenwild – gibt es beim Feldhasen in der jagdlichen Praxis nicht. Dennoch sollen hier zumindest ein paar hilfreiche Merkmale erwähnt werden, die zumindest Hinweise auf ein bestimmtes Alter oder das Geschlecht geben können.

Alter

Sieht man auf freier Ackerfläche einen Junghasen neben einem Althasen sitzen, sticht der Größenunterschied deutlich ins Auge. Fehlt der direkte Vergleich, wird es schon schwieriger. Zwei Unterscheidungshinweise seien an dieser Stelle aber erwähnt.

Beim Kopf eines Junghasen – je nach Alter, vom Fäustling bis zum Dreiläufer – ist meist noch das typische Kindchenschema zu erkennen: Der Kopf ist rundlich, und die Seher sind im Verhältnis besonders groß. So gleicht etwa ein Quarthase optisch eher einem Kaninchen als einem ausgewachsenen Hasen. Mit fortschreitendem Lebensalter wächst der Kopf dann in die Länge, und die rundliche Form verschwindet.

Als zweites Merkmal kann die Fellfärbung dienlich sein – wenngleich auch hier nur mit Vorbehalt. Der Junghase ist allgemein noch ziemlich einfarbig, beim Althasen zeigen sich schon wesentlich mehr Kontraste, wie etwa ein mit weißen und schwarzen Haaren durchsetzter Balg. Gerade im Kopfbereich finden sich gern abgesetzte andersfarbige Stellen, deren Haarlängen sich auch deutlich voneinander unterscheiden können.
Beide Hinweise – Größe und Balg – sind aber alles andere als sichere Ansprechmerkmale für das Alter. In der jagdlichen Praxis wird auch nur zwischen Junghasen und Althasen unterschieden. Unabhängig davon vermag jedoch ein wahrer Hasen-

profi – wie bei anderem Wild auch – noch Unterschiede im Verhalten zu erkennen: Junghasen sind mitunter viel argloser. Außerdem flüchten sie – gerade bei Treibjagden – kopfloser als ein mit dem Gelände vertrauter, alter Hase.

Unterscheidung Häsin – Rammler

Unterschiede zwischen Häsin und Rammler in Erscheinungsbild, Körperfunktionen oder Verhalten gibt es beim Feldhasen kaum. Häufig ist die Häsin im Wildbret ein wenig stärker als der Rammler, ein verlässliches Merkmal ist dies aber keinesfalls – schon gar nicht in der jagdlichen Praxis.

Einzig während der Rammelzeit besteht Hoffnung, die Häsin vom Rammler im Revier zu unterscheiden: Bei zwei einander verfolgenden Hasen kann mit hoher Wahrscheinlichkeit davon ausgegangen werden, dass das vordere Tier eine Häsin ist, der ein Rammler folgt. Es können aber auch mehrere Rammler einer Häsin hinterherlaufen.

Das Gesäuge der Häsin ist während der Jungenaufzucht nur in Ausnahmefällen zu erkennen.

Eine Unterscheidung ist letztlich erst am erlegten Stück an den äußeren Geschlechtsorganen möglich. Bedingt durch die ähnliche Form des Penis (schlauchförmig) und der Klitoris (rinnenförmig) kommt es aber auch hier manchmal zu Verwechslungen – besonders bei Junghasen.

Unterscheidung Feldhase – Schneehase

Seine weiße Farbe macht den Schneehasen im Winter auf den ersten Blick unverkennbar. Wie im Sommerfell bleiben nur die Löffelspitzen dunkel umrandet. Die Behaarung an den Läufen ist beim Schneehasen sehr stark, um einem Einsinken im hohen Schnee vorzubeugen – ähnlich einem Schneeschuh.

So leicht die Unterscheidung im Winter anhand der Farbe ist, so genau muss man im Sommer hinsehen: Rein vom Wildbret her ist der Schneehase zwar etwas leichter und kleiner, aber das allein gibt meist keine Sicherheit. Etwas aussagekräftiger sind da schon die etwas kürzeren Löffel und die Fellfärbung, die meist mehr bräunlich-grau bis rotbraun ist. Im Gegensatz zur Blume des Feldhasen ist diese beim Schneehasen zudem das ganze Jahr über reinweiß.

Vom Verhalten her ist eine Unterscheidung zwischen Feld- und Schneehase nicht möglich. – Detail am Rande: Wie beim Feldhasen kann das Alter des Schneehasen auch über das Stroh'sche Zeichen (siehe Seite 37) beurteilt werden.

Unterscheidung Feldhase – Wildkaninchen

Viel leichter fällt da schon die Unterscheidung zwischen Feldhase und Wildkaninchen. Das Wildkaninchen ist mit einer Kopf-Rumpf-Länge von 35 bis 45 Zentimetern und einem Gewicht von höchstens 2 Kilogramm wesentlich kleiner als der Feldhase. Zudem sind die Löffel deutlich kürzer und reichen, wenn man sie vorklappt, nicht über die Nasenspitze. Das Fell ist sandfarben bis dunkelgraubraun.

Ein ganz wesentlicher Unterschied liegt auch im Sozialverhalten: Kaninchen leben in Kolonien, die aus mehreren „Großfamilien" bestehen. Sie bewohnen selbstgegrabene Baue mit einem zentralen Kessel und verwinkelten Seitengängen. Außerdem warnen Kaninchen bei Gefahr Artgenossen häufig durch Klopfen oder Trommeln mit den Hinterbeinen, was bei einer vergesellschaftet lebenden Art auch viel mehr Sinn macht.

Zähne

Häufig zählt man den Feldhasen – wie auch Schneehasen oder Kaninchen – irrtümlich zu den Nagetieren. Sie gehören aber zu den Hasenartigen. Die Hasenartigen und die Nagetiere sind keineswegs sehr nahe miteinander verwandt. Zwar gleichen sie einander durch den Besitz von Nagezähnen, es gibt aber einen deutlichen Unterschied: Anders als Nagetiere haben Hasen im Oberkiefer nämlich nicht nur zwei, sondern gleich vier Schneidezähne. Zwei davon sind allerdings sogenannte Stiftzähne, die hinter der vorderen Zahnreihe angelegt sind. Diese Stiftzähne haben keine Schneidekante und sind dünner und kürzer als die vorderen Schneidezähne.

Im Gegensatz zu Nagetieren fressen Hasen außerdem mit seitlichen Kaubewegungen und benützen niemals ihre Vorderpfoten zum Festhalten der Nahrung.

Die Schneidezähne des Feldhasen wachsen ein Leben lang nach und bleiben durch den ständigen Abrieb – etwa an Holz und Rinde – kurz und scharf. Mit dieser messerscharfen Schere im Äser kann ein Feldhase Zweige mit einem Durchmesser von bis zu 7 Millimeter problemlos durchbeißen. Problematisch ist hingegen der Verlust eines Schneidezahnes. Dem gegenüberliegenden Zahn fehlt dann der Gegenbiss, und er wächst unkontrolliert weiter. Die Nahrungsaufnahme fällt zunehmend schwerer, und mitunter ist damit das Todesurteil für den Hasen gesprochen.

Zahnentwicklung

Das Milchgebiss mit lediglich 16 Zähnen ist gegen Ende der Tragezeit bereits ausgebildet und wird etwa 3 bis 5 Wochen nach der Geburt gegen das Dauergebiss mit 28 Zähnen gewechselt.

Bei der Zahnformel unterscheidet man ganz grundsätzlich in Schneidezahn (I für „Incisivo“), Eckzahn (C für „Caninus“), Vorderer Backenzahn (P für „Prämolar“) sowie Backenzahn (M für „Molar“). Die Zahnformel für das fertige Dauergebiss beim Feldhasen lautet:

Oberkieferast:	2 I	0 C	3 P	3 M	x 2 = 16
Unterkieferast:	1 I	0 C	2 P	3 M	x 2 = 12

Die verkürzte Schreibweise lautet:

$$\frac{2\,0\,3\,3}{1\,0\,2\,3}$$

Das Gebiss eines Feldhasen sieht also folgendermaßen aus:

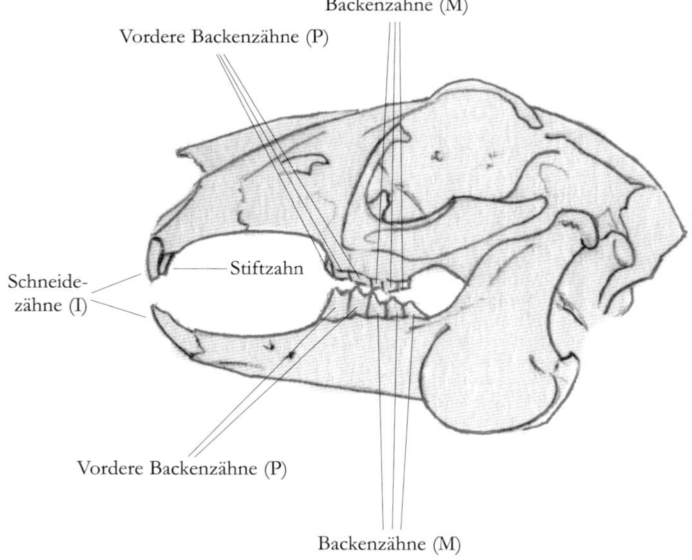

Zahnabnutzung

Die Schneidezähne der Hasen wachsen – ohne jahreszeitliche Schichtungen – ein Leben lang. Der Grad der Abnutzung kann daher nicht zur Altersschätzung herangezogen werden.

Die Abnutzung der Backenzähne ist stark von Nahrung und Lebensraum abhängig. Sie geben daher ebenfalls – anders wie etwa beim Schalenwild – keine Auskunft über das Lebensalter.

Vor dem erlegten Wildtier

In der jagdlichen Praxis – wie an anderer Stelle erwähnt – wird lediglich zwischen Jung- und Althasen unterschieden. Als Junghasen werden dabei in der Regel all jene Hasen bezeichnet, die im laufenden Jahr gesetzt worden sind und beim Erlegen im Herbst daher zwischen 2 und 9 Monate alt sind.

Altersbeurteilung im grünen Zustand

Schon bei der Streckenlegung gibt es ein paar brauchbare Merkmale, Jung- von Althasen zu unterscheiden.

Lassen sich etwa Nasenbein und Brustbein ohne großen Kraftaufwand eindrücken sowie die Löffel leicht einreißen, deutet dies auf einen Junghasen hin. Außerdem kann die Verbindung der beiden Unterkieferhälften durch einen geringen Druck von Daumen und Zeigefinger auf die seitlichen Kaumuskeln gesprengt werden.

Augendorn

Etwas exakter ist die Altersbeurteilung anhand des Augendorns am Tränenbein, eines am nasenseitigen Rand der knöchernen Augenhöhle seitlich vorspringenden dornartigen Fortsatzes. Dieser ist beim Junghasen schwächer entwickelt und liegt dem Innenrand der Augenhöhle nur locker an. Beim alten Hasen ist der Dorn kräftig, und das Tränenbein ist mit der Augenhöhle knöchern verwachsen. Drückt man mit Daumen und Zeigefinger auf die beiden inneren Augenwinkel, lässt sich der Augendorn beim jungen Hasen zurückdrücken oder umbiegen, beim alten Hasen ist das nicht mehr möglich.

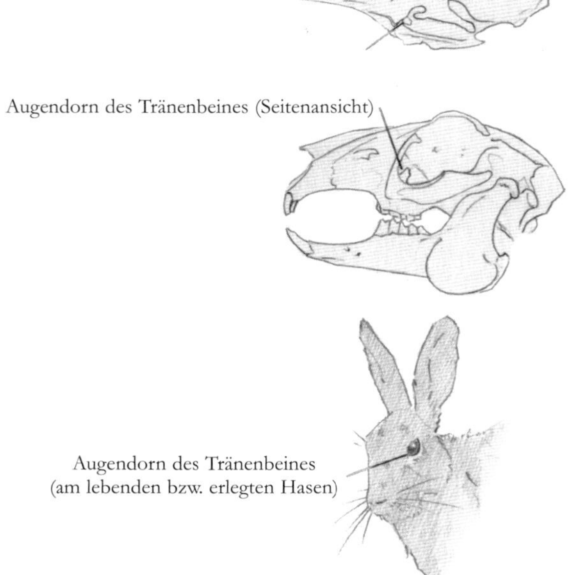

Das Stroh'sche Zeichen

Ein weiteres, in Jägerkreisen als „Stroh'sches Zeichen“ bekanntes Altersmerkmal liegt an der Wachstumsfuge der Elle: das sogenannte Jugendknötchen. Beim jungen Hasen ist dieses noch knotig verdickt und durch den Balg seitlich über das Vorderfußwurzelgelenk mit dem Daumen deutlich zu ertasten. Je jünger der Hase, desto stärker tritt diese Verdickung hervor. Das Jugendknötchen verschwindet mit der zunehmenden Verknöcherung des Fugenknorpels im Alter von etwa 7 bis höchstens 10 Monaten. Dieses Merkmal fehlt daher bei einem alten Hasen.

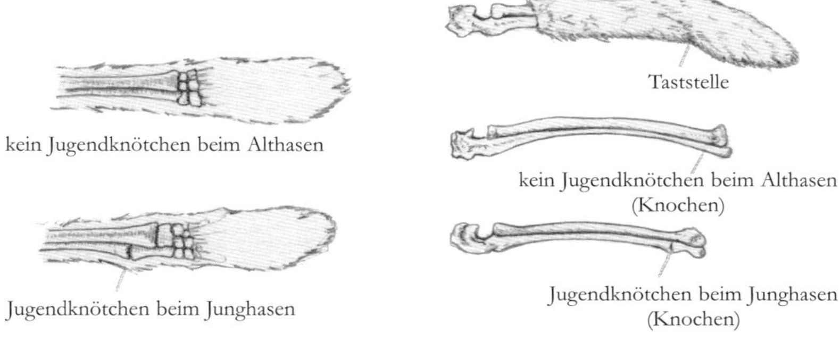

Wildbretgewichte

Wildbretgewichte können zur Altersbeurteilung nur sehr bedingt herangezogen werden, da Lebensraum, Nahrungsangebot und Klima sehr große Bandbreiten möglich machen. So bringt unter Umständen ein Junghase im Alter von 4 bis 5 Monaten bereits so viel auf die Waage wie ein zart gebauter oder gar kümmernder Althase.

Als grobe Faustregel können dennoch folgende Gewichte bei Junghasen hilfreich sein:

Geburtsgewicht	130 g
nach 1 Woche	260 g (Verdoppelung des Geburtsgewichtes)
nach 4 Wochen	1.000 g (= 1 kg)
mit 2 Monaten	2 kg
mit 3 - 4 Monaten	3 kg
mit 6 Monaten	3 bis 4 kg (schwerer Junghase)

Altersbeurteilung abgebalgter Hase

In der Wildbretkammer und abgebalgt lässt sich das Alter noch anhand weiterer Merkmale untersuchen. So ist beim jungen Hasen die Sehnenhaut auf den Rückenmuskeln (Rückenlendenbinde) nur dünn, durchsichtig und von grauweißer Farbe. Außerdem ist die noch knorpelige Beckenfuge zwischen Scham- und Sitzbein leicht mit einem Messer zu durchtrennen. Beim alten Hasen ist die kräftige Rückenlendenbinde hingegen bereits undurchsichtig und gelbweiß. Die Scham-Sitzbein-Fuge ist vollständig verknöchert und eine Trennung nur noch mit der Säge möglich.

Gebärmutter

Bei Häsinnen kann zudem noch die Gebärmutter Hinweise auf das Alter geben. So ist die Gebärmutter junger Häsinnen noch sehr dünn – etwa bleistiftminenstark – und die Eierstöcke lediglich erbsengroß. Bei alten Häsinnen ist die Gebärmutter hingegen bereits bleistiftstark und die Eierstöcke etwa bohnengroß.

Linsengewichte

Wer es noch genauer wissen will, dem hilft bei der Altersbeurteilung das Gewicht der getrockneten Augenlinsen. Dieses steigt nämlich mit dem Lebensalter. So haben Junghasen durchschnittliche Augenlinsengewichte von 140 bis 250 Milligramm, einjährige und ältere Hasen zwischen 270 und 450. Das Stroh'sche Zeichen beginnt zu verschwinden, wenn die Linsen ungefähr zwischen 155 und 200 Milligramm wiegen.

Linsengewicht	*Alter*
bis 250 mg	Junghase
270 - 320 mg	1 - 2 Jahre alt
280 - 370 mg	2 - 3 Jahre alt
330 - 380 mg	3 - 4 Jahre alt
über 350 mg	4 - 5 Jahre und älter

Altersbeurteilung am Skelett

Bei Junghasen mit einem Alter von etwa 5 bis 6 Monaten und noch deutlichem Stroh'schen Zeichen kann man am Skelett weitere Altersmerkmale erkennen.

Am Schädelknochen sind etwa die Tränenbeine mit den Nachbarknochen noch bindegewebsartig locker verbunden. Weiters sind die Fugen am Becken zwischen den beiden Hüftbeinen – vorn am Darmbein und hinten am Sitzbein – noch knorpelig.

Mit Ausnahme der ersten vier Brustwirbel, die wie die Halswirbel vollständig verknöchert sind, sind an den restlichen Brust- und allen Lendenwirbelkörpern vorn und hinten noch deutliche Knorpelscheiben zwischen Knochenschaft und den jeweiligen vorderen und hinteren Knochenenden sichtbar. Die drei Kreuzwirbel sind zum Kreuzbein verschmolzen.

3. Zur Jagd

Wer auf den Feldhasen jagen will, muss zuerst sichergehen, dass es in seinem Revier überhaupt genügend Hasen gibt. Aus diesem Grund befasst sich das folgende Kapitel zunächst ausführlich damit, wie man den Hasenbesatz im eigenen Revier möglichst genau bestimmen kann: als Grundlage einer maßvollen Bejagung.

Zählung

Die Standorttreue des Feldhasen macht es möglich, den Besatz zu erfassen oder ziemlich genau zu schätzen. Eine regelmäßige Zählung ist daher Voraussetzung für eine nachhaltige jagdliche Nutzung. Zählungen sollten gerade in Ackerbaugebieten nach dem Motto „Je weiträumiger, desto besser" erfolgen. Ideal sind Flächen über 2.000 Hektar – wenn nötig revierübergreifend.

Scheinwerfer-Streifentaxation

In Feldrevieren hat sich die Scheinwerfer-Streifentaxation bewährt, um Aufschluss über den jährlichen Zuwachs zu erhalten und wie viel man davon jagdlich nutzen kann. Im Folgenden ist in Stichworten zusammengefasst, was es dabei zu beachten und zu vermeiden gilt.

Zählroute

Die Zählroute sollte

- vor Beginn der Zählung probeweise befahren werden. Falls nötig, können dann noch Korrekturen der Fahrstrecke vorgenommen werden;

- für das gesamte Revier charakteristisch sein und sowohl „gute“ als auch „schlechte“ Revierteile umfassen;
- das Ableuchten von mindestens 20 Prozent der gesamten Revierfläche beinhalten;
- ganzjährig befahrbar sein – wenn möglich auch bei Tauwetter oder nach Regenfällen!
- möglichst in freier Feldflur liegen, um die Leuchtweite der Scheinwerfer optimal zu nutzen;
- einmal festgelegt, in der Folge unverändert bleiben, damit die Zählergebnisse vergleichbar sind.

Technische Ausrüstung

Einen reibungslosen Ablauf garantieren folgende Punkte:
- ein geländetaugliches Kfz mit entsprechender Bodenfreiheit und Höhe, um auch Geländeunebenheiten besser ausleuchten zu können;
- sämtliche Fenster müssen geöffnet werden können, um störende Spiegelungen zu verhindern;
- zwei Zählscheinwerfer (Kfz-Zusatz-Halogenscheinwerfer, keine Nebelbreitstrahler);
- Montage der Scheinwerfer auf Halterungen links und rechts an den geöffneten, rückwärtigen Fenstern;
- die montierten Scheinwerfer sollten mittels Handgriff in alle Richtungen geschwenkt werden können;
- Stromversorgung der Scheinwerfer durch Zigarettenanzünder oder Batterie sicherstellen (eventuell Fachmann wegen Kabelbrandgefahr beiziehen).

Zählteam

Dieses sollte möglichst aus 4 Personen bestehen. Konkret aus:
- einem revierkundigen Fahrer;

– einem Protokollführer mit Revierkarte inklusive eingezeichneter Zählroute, festgelegter Zählabschnitte sowie dem Zählprotokoll;
– zwei wetterfeste, scharfsichtige Zähler.

Idealerweise sollte das Team immer aus denselben Personen bestehen, deren Aufgaben und Sitzpositionen ebenfalls unverändert bleiben. Es empfiehlt sich zur Sicherheit, etwaige Ersatzpersonen vorab einzuschulen.

Wann wird gezählt?

Zu Route und Ausrüstung sollte man noch Folgendes beachten:

– Gezählt wird in der zweiten Märzhälfte zur Ermittlung des Stammbesatzes (Frühjahrsbesatz);
– diese erste Zählung sollte im Frühjahr bei noch möglichst niedriger Vegetation durchgeführt werden, auch wenn dieselben Flächen im Herbst – etwa durch Rüben- oder Maiskulturen – weniger einsichtig sind. Man verhindert damit, dass der Herbstbesatz im Vergleich zum Frühjahrsbesatz überschätzt wird;
– die zweite Zählung erfolgt zwei Wochen vor der geplanten Herbstjagd zur Ermittlung des Herbstbesatzes; außerdem empfiehlt sich eine Kontrollzählung nach Ende der Jagdzeit, um festzustellen, wie viele Hasen noch da sind;
– Zählbeginn ist immer etwa eine Stunde nach Einbruch der Dunkelheit;
– Ende der Zählung ist spätestens um Mitternacht.

Es schadet nicht, den Zähltermin (eventuell auch die Zählroute) vorab der örtlich zuständigen Exekutive zu melden.

Wie wird gezählt?

Man beachte dabei:

- Bei jeder Zählung wird die Zählroute in gleicher Richtung mit einer Fahrgeschwindigkeit von etwa 10 bis 15 km/h befahren;
- in starken Kurven ist die Geschwindigkeit auf Schritttempo zu reduzieren;
- die Zähler leuchten vom Fahrzeug aus im rechten Winkel (maximale Ausleuchtung der Fläche) und teilen dem Protokollführer die gesehenen Hasen sofort oder in Summe erst nach Beendigung eines Zählabschnittes mit.

Um die gezählten Hasen später auf die Gesamtfläche umzurechnen, müssen die Länge der Zählroute und die Reichweite der Scheinwerfer im Gelände (je nach Struktur, Einsehbarkeit oder Sichteinschränkung) möglichst genau bekannt sein.

Mögliche Fehlerquellen

Zählfehler ergeben sich:

- durch ungenaue Berechnung der abgeleuchteten Fläche (Länge der Zählroute, Reichweite der Scheinwerfer je nach Geländestruktur, Einsehbarkeit oder Sichteinschränkung). Wirkt sich auf die spätere Hochrechnung Anzahl Hasen/100 ha aus;
- durch Zählungen bei Sichtbeeinträchtigung wie Nebel, Regen, starker Staubentwicklung, Schneetreiben, usw.;
- bei Zählungen in sehr hellen Mondnächten, während derer Hasen entweder völlig stillhalten oder größere Fluchtdistanzen einhalten;

- bei ungenügender oder wechselnder Leuchtkraft (Leuchtweite) der Scheinwerfer;
- durch weites Vorausleuchten entstehen im näheren Sichtbereich Lichtschatten;
- durch ein ungeübtes Zählteam oder durch Zähler mit Sehschwächen;
- durch oftmaliges Anhalten und Absuchen des Geländes mit dem Fernglas;
- durch Ablenkung (z.B. Mitfahrer ohne Aufgabe, Geplauder, usw.) und Unaufmerksamkeit;
- durch Feldarbeiten während der Nachtstunden;
- durch Ablenkung bei gleichzeitiger Beobachtung anderer Wildarten (z.B. starker Bock, Fuchs, usw.).

Hasenzählung in Revieren mit hohem Waldanteil

Bei Revieren, die nur schlecht oder stark eingeschränkt einsehbar sind, ist eine Schätzung der Hasendichte pro 100 Hektar nicht möglich. Dennoch macht zumindest eine stichprobenartige Zählung auch dort Sinn. Zwei unterschiedliche Zählmethoden bieten sich dafür an:

1. Sind im Revier auch gut einsehbare Flächen vorhanden, sollte man diese mit Scheinwerfern ableuchten und das Zählergebnis festhalten. Damit erhält man Auskunft über die Mindestanzahl der im Revier vorhandenen Hasen. Die danach von Jahr zu Jahr veränderten Zahlen deuten zumindest an, in welche Richtung sich der Bestand entwickelt.
Aber: Eine Hochrechnung auf die Hasenzahl pro 100 Hektar ist in solchen Revieren nicht zulässig, da die ausgeleuchteten Flächen keinesfalls repräsentativ sein können.

2. Man organisiert einen gleichzeitigen Ansitz von mehreren Zählern an dafür geeigneten Stellen im Revier in der Abenddämmerung. Eine Stunde vor Einbruch der Dunkelheit zählt jeder die von seinem Hochstand oder Fahrzeug aus gesehenen Hasen. Dabei wird nur die maximale Anzahl von Hasen protokolliert, die gleichzeitig auf der Zählfläche zu sehen sind. So verhindert man etwaige Doppelzählungen, wenn Hasen etwa aus uneinsichtigen Geländeteilen mehrfach ein- und auswechseln.

Diese Methode eignet sich ebenfalls nicht für Hochrechnungen, wie viele Hasen tatsächlich pro 100 Hektar im Revier leben, aber gibt – ebenfalls über mehrere Jahre durchgeführt – zumindest einen Hinweis, wie sich der Besatz entwickelt.

Planung der Jagdstrecke

Wie kann ich nun mit den gewonnenen Zahlen konkret jagdlich planen? Wie finde ich das richtige Maß für die Jagd? Vorweg sind dabei zwei Richtwerte wesentlich:

Herbstbesatz minus Frühjahrsbesatz	=	Zuwachs
Geplante (nachhaltige) Jagdstrecke	=	Zuwachs minus erwartete Winterverluste

Hier ein konkretes Rechenbeispiel:

Im Revier werden Ende März rund 300 Hektar abgeleuchtet, und auf dieser Zählfläche werden 90 Hasen gezählt. Das ergibt dann einen Frühjahrsbesatz von 30 Hasen/100 ha.
Auf derselben Zählfläche von 300 Hektar werden im Herbst 150 Hasen gezählt. Das ergibt einen Herbstbesatz von 50 Hasen/100 ha.

Herbstbesatz:	50 Hasen/100 ha
Frühjahrsbesatz:	30 Hasen/100 ha
Zuwachs (HB minus FB):	20 Hasen/100 ha

Der Zuwachs beträgt daher 20 Hasen/100 ha (rund 67 %).
Ergebnis: Um den Frühjahrsbesatz im Folgejahr nicht zu verringern, darf die Jagdstrecke auf nicht mehr als 20 Hasen/100 ha angesetzt werden.

Dabei ist nicht zu vergessen, dass nach einer Herbstjagd auch nicht zustandegebrachtes oder erst später verendetes Wild mitzuzählen ist. Zudem gilt es, die – wenn auch beim Feldhasen im Normalfall geringe – Wintersterblichkeit zu berücksichtigen.

Die Gründe für die geringe Wintersterblichkeit beim Feldhasen liegen auf der Hand: Die meisten gehen als wetterfeste Althasen in guter körperlicher Verfassung in den Winter – dank eines bis in den Spätherbst reichlichen Nahrungsangebotes. Zudem besteht in den Wintermonaten für einen erwachsenen Hasen kaum mehr Gefahr durch Beutegreifer oder landwirtschaftliche Maschinen.

Die folgende Tabelle ermöglicht rasch, eine dem Besatz angemessene Jagdstrecke im Voraus zu berechnen:

Frühjahrs-besatz: Hasen pro 100 ha Revierfläche	Herbstbesatz: Hasen pro 100 ha Revierfläche											
	bis 30	35	40	45	50	55	60	65	70	75	80	85
bis 25	0	0,02	0,04	0,07	0,10	0,13	0,16	0,18	0,20	0,20	-	-
30	-	0	0,02	0,04	0,06	0,08	0,12	0,15	0,18	0,18	0,20	0,22
35	-	-	0	0,02	0,04	0,06	0,08	0,13	0,15	0,16	0,20	0,22
40	-	-	-	0	0,02	0,04	0,06	0,08	0,13	0,15	0,20	0,22
45	-	-	-	-	0	0,02	0,04	0,06	0,10	0,15	0,20	0,22
50	-	-	-	-	-	0	0,02	0,04	0,10	0,13	0,18	0,22
55	-	-	-	-	-	-	0	0,04	0,06	0,10	0,15	0,19
60	-	-	-	-	-	-	0	0,02	0,04	0,08	0,12	0,16
65	-	-	-	-	-	-	-	0	0,02	0,05	0,09	0,13
70	-	-	-	-	-	-	-	-	0	0,02	0,06	0,10
75	-	-	-	-	-	-	-	-	-	0	0,02	0,06
80	-	-	-	-	-	-	-	-	-	-	0	0,02
85	-	-	-	-	-	-	-	-	-	-	-	0
90	-	-	-	-	-	-	-	-	-	-	-	-
95	-	-	-	-	-	-	-	-	-	-	-	-
ab 100	-	-	-	-	-	-	-	-	-	-	-	-

Frühjahrs-besatz: Hasen pro 100 ha Revierfläche	Herbstbesatz: Hasen pro 100 ha Revierfläche												
	bis 90	95	100	105	110	115	120	125	130	135	140	145	ab 150
bis 25	-	-	-	-	-	-	-	-	-	-	-	-	-
30	0,25	-	-	-	-	-	-	-	-	-	-	-	-
35	0,25	0,30	0,30	0,35	-	-	-	-	-	-	-	-	-
40	0,25	0,30	0,30	0,35	0,40	0,45	0,50	-	-	-	-	-	-
45	0,25	0,30	0,30	0,35	0,40	0,45	0,50	0,50	0,50	0,55	-	-	-
50	0,25	0,30	0,30	0,35	0,40	0,45	0,50	0,50	0,50	0,55	0,65	0,65	0,65
55	0,23	0,27	0,30	0,35	0,40	0,45	0,50	0,50	0,50	0,55	0,65	0,65	0,68
60	0,20	0,24	0,28	0,32	0,37	0,41	0,47	0,50	0,50	0,55	0,65	0,65	0,68
65	0,17	0,20	0,25	0,29	0,33	0,38	0,42	0,48	0,50	0,55	0,65	0,65	0,68
70	0,13	0,17	0,21	0,25	0,30	0,34	0,39	0,44	0,48	0,53	0,60	0,65	0,68
75	0,10	0,14	0,18	0,22	0,26	0,30	0,35	0,40	0,44	0,49	0,56	0,63	0,70
80	0,07	0,10	0,14	0,18	0,22	0,27	0,31	0,36	0,40	0,45	0,52	0,59	0,67
85	0,02	0,07	0,11	0,14	0,19	0,23	0,27	0,32	0,36	0,41	0,47	0,54	0,62
90	0	0,02	0,07	0,11	0,15	0,19	0,23	0,28	0,32	0,37	0,43	0,50	0,57
95	-	0	0,02	0,07	0,11	0,15	0,20	0,24	0,28	0,33	0,38	0,45	0,52
ab 100	-	-	0	0,02	0,09	0,14	0,19	0,23	0,28	0,33	0,38	0,43	0,48

Und so wendet man die Tabelle in einzelnen Schritten an:

1. den errechneten Frühjahrsbesatz (auf 10er-Stelle abgerundet) in der linken Spalte ablesen;
2. danach den errechneten Herbstbesatz (auf 10er-Stelle abgerundet) in der Kopfzeile suchen;
3. im Kreuzungspunkt dieser beiden Spalten steht eine Zahl;
4. diese Zahl mit der bejagbaren Revierfläche multiplizieren;
5. das Ergebnis entspricht der empfohlenen Gesamtstrecke für das Revier.

Rechenbeispiel 1:

Frühjahrsbesatz:	30 Hasen/100 ha
Herbstbesatz:	50 Hasen/100 ha
Bejagbare Revierfläche:	500 ha

Im Kreuzungspunkt von Frühjahrs- und Herbstbesatz steht in der Tabelle die Zahl 0,06. Die bejagbare Revierfläche von 500 Hektar multipliziert mit dem Faktor 0,06 ergibt 30.
Ergebnis: Soll die Hasenjagd nachhaltig sein, so dürfen in diesem Beispielrevier nicht mehr als rund 30 Hasen zur Strecke kommen.

Rechenbeispiel 2:

Frühjahrsbesatz:	45 Hasen/100 ha
Herbstbesatz:	85 Hasen/100 ha
Bejagbare Revierfläche:	860 ha

Im Kreuzungspunkt von Frühjahrs- und Herbstbesatz steht in der Tabelle die Zahl 0,22. Die bejagbare Revierfläche von 860 Hektar multipliziert mit dem Faktor 0,22 ergibt 189,2.
Ergebnis: In diesem Beispielrevier sollten in diesem Jagdjahr nicht mehr als rund 190 Hasen zur Strecke kommen.

Grundsätzlich sollte pro Revierteil immer nur eine Hasenjagd im Jahr abgehalten werden. Die Erfahrung zeigt auch, dass nur eine großflächige, revierübergreifende Zusammenarbeit gute Erfolge verspricht. Wirklich nennenswerte Verbesserungen ergeben sich beispielsweise erst durch mehrjährige freiwillige Schonzeiten in Gebieten ab 1.000 Hektar.

Spätestens Mitte Dezember sollte mit der Jagd auf Hasen Schluss sein. Zu dieser Zeit befinden sich viele Rammler bereits in Paarungsstimmung, und bei Störungen kann es dann passieren, dass sich die Hochzeitsgesellschaften mehrere Kilometer in entfernte, ruhigere Gebiete überstellen.

Bejagung des Raubwildes

Die starke Einschränkung der Fallenjagd, der rigorose Greifvogelschutz sowie die Zunahme streunender Haustiere haben dem Feldhasen in den letzten Jahren schwer zugesetzt und verringern oft die Überlebensrate bei Junghasen dramatisch.

Aus der Fülle der verschiedenen Arten, Raubwild kurzzuhalten, folgen nun ein paar Anregungen.

Fuchs und Dachs

Die Strecke auf Fuchs und Dachs erhöht sich maßgeblich, wenn im Revier ein oder mehrere Kunstbaue angelegt werden, die man gezielt bejagt. Für die Baujagd – gleichgültig ob Kunstbau oder Naturbau – empfehlen sich beim Fuchs die Ranzmonate Dezember bis Februar. In dieser Zeit stecken manchmal oft mehrere Füchse tagsüber im Bau. Ein gesprengter Bau kann oft schon wenige Tage danach erneut befahren sein und wieder jagdliche Beute versprechen.

Zusätzlich verspricht der regelmäßige Ansitz auf Luderplätzen Erfolg. Auch Lebendfangfallen können ein wirksames Mittel bei der Raubwild-Bejagung sein.

Gleichgültig, wie man auf Raubwild jagt, ist es stets von Vorteil, wenn man sich auf möglichst großer Fläche mit den Reviernachbarn abstimmt.

Marder

Abgesehen von der Jagd mit Flinte oder Büchse, bewährt sich beim Marder auch die Fallenjagd in sogenannten Marder-Mausburgen. Man schüttet auf eine Holzpalette locker Stroh auf, verblendet sie mit Buschwerk und stellt sie in Remisen oder am Waldrand auf. Dann kirrt man Mäuse im Inneren mit etwas Getreide an, die den Marder herbeiziehen sollen.

Selbstverständlich sind bei der Fallenjagd die – länderweise unterschiedlichen – gesetzlichen Rahmenbedingungen strengstens zu beachten. In jedem Fall muss man sämtliche fängisch gestellten Fallen täglich kontrollieren und irrtümlich gefangenes Wild oder Haustiere unverzüglich wieder freilassen. Bei der Jagd auf Steinmarder versprechen siedlungsnahe Aufstellungsplätze die besten Chancen.

Rabenvögel

Der Bestand an Krähen und Elstern hat – begünstigt auch vom zunehmenden Nahrungsangebot durch Abfälle – in den letzten Jahren in vielen Gebieten stark zugenommen. Das wirkt sich auch massiv auf den Hasennachwuchs aus.

Neben der Jagd mit der Flinte – etwa beim abendlichen „Krähenstrich" – bewährt sich auch der sogenannte Krähenfang. Im Krähenfang werden entweder Eier oder Fallwildreste als Köder ausgelegt oder ein Lockvogel (Krähe oder Elster) gehalten. Es können sich auch mehrere Lockvögel im Fang befinden, wenn dieser groß genug ist. Selbstverständlich sind diese Lockvögel gut zu halten, ausreichend zu füttern und mit frischem Wasser zu versorgen. Ebenso müssen Schattenbereiche für heiße Sonnentage vorhanden sein. Die Kontrolle und Versorgung der etwaigen Lockvögel sollte am besten bei Dunkelheit erfolgen, um die eventuell in der Nähe befindlichen misstrauischen und sehr aufmerksamen Krähen nicht zu vergrämen.

Katzen

Auch streunende Haustiere fordern Jahr für Jahr einen hohen Tribut bei Jungwild. Besonders Katzen sind dabei mit ihren Überraschungsangriffen sehr erfolgreich und jagen zudem oft aus reinem Instinkt und Jagdtrieb, ohne die Beute danach zu fressen.

Da das Erlegen von wildernden Haustieren im Revier zwar gesetzlich gedeckt, aber aus mehreren Gründen oft nicht ratsam und problematisch ist, kann man gemeinsam mit den Haustierbesitzern auch auf eine „friedlichere“ Lösung zurückgreifen: Eine simple, am Halsband befestigte Katzenglocke warnt das Wild wirksam vor der heranschleichenden Katze, und es kann rechtzeitig fliehen. Freilich ist eine solche Katzenglocke für die noch nicht fluchtfähigen Junghasen unwirksam.

Jagdarten auf den Hasen

Auf kein anderes Wild kennt der Jäger so viele stimmungsvolle und spannende Jagdarten wie auf den Feldhasen: vom Ansitz über die geschichtsträchtige Brackierjagd bis zu den unterschiedlichsten Formen der Treibjagd. Alle diese Jagdarten im Detail zu schildern, würde den Rahmen dieser Fibel bei weitem sprengen. Dennoch sind an dieser Stelle zumindest die Grundzüge der bekanntesten Jagdarten beschrieben.

Ansitzjagd

Der morgendliche oder abendliche Hasenansitz – vom Boden- oder Hochsitz aus – empfiehlt sich insbesondere in hasenarmen Wald- und Bergrevieren, aber auch etwa in Obstanbaugebieten, die eines besonderen Schutzes gegen Verbiss bedürfen. In unseren Breiten spielt diese Jagd für die jährliche Hasen-Gesamtstrecke praktisch keine Rolle. Der Ansitz ist nicht nur eine ausgesprochen reizvolle Jagdart, sondern eignet sich auch hervorragend, will man nur den ein oder anderen „Küchenhasen“ erlegen – etwa für einen festlichen Anlass wie Weihnachten.

Suchjagd

Die Suchjagd ist eine Jagd mit Vorstehhund. Ein oder mehrere Jäger lassen im Feldrevier kleinere Flächen mit mehr Deckung von Vorstehhunden quersuchen. Befindet sich ein Hase darin, steht der Hund fest vor. Jetzt ist der Jäger am Zug. Der Hund kommt erst wieder ins Spiel, wenn der Hase zu apportieren ist.

Diese Jagdart war früher vor allem auf Rebhühner und Fasane beliebt, der Feldhase galt lediglich als willkommene Streckenaufbesserung. Durch den Rückgang der Rebhühner ist aber auch die Suchjagd etwas aus der Mode gekommen. Praktiziert wird die Suchjagd auf den Hasen heute vor allem noch in Feldrevieren gegen Ende der Jagdzeit – wenn die Hauptjagd vorbei ist und man im kleineren Kreis noch einmal „auf Hasen" gehen will.

Buschierjagd

Die Buschierjagd läuft wie die oben beschriebene Suchjagd mit Vorstehhunden ab, nur in licht bewaldeten Gebieten. In hasenarmen Gebieten beschränkt man sich oft auf diese Jagdart anstelle einer Treibjagd. Der beste Zeitpunkt dafür ist gegen Ende der Jagdzeit, wenn das Laub bereits gefallen ist.

Stöberjagd

Im Wald oder in besonders deckungsreichen Revierteilen wird mit Vorliebe gestöbert: Stöberhunde – wie etwa Wachtel oder Spaniel – machen Hasen hoch und treiben sie den um die Deckung angestellten Jägern vor die Flinte. Die Stöberjagd wird vor allem in Revieren mit geringem Hasenbesatz durchgeführt.

Eines darf man aber selbst bei diesen Jagdarten mit verhältnismäßig wenig Strecke nicht vergessen: Zu oft ausgeübte Such-

oder Stöberjagden beunruhigen das Wild und führen nicht selten zu vermehrter Abwanderung in ruhigere Gebiete.

Brackierjagd

Eine besonders traditionsreiche Jagd auf den Hasen ist die Brackierjagd: Spurtreue, laut jagende Hunde – sogenannte Bracken – spüren den Hasen in der Sasse auf und machen ihn hoch. Da Hasen die Gewohnheit haben, in einem mehr oder weniger weiten Bogen wieder zur Sasse zurückzukehren, stellt sich der Jäger in der Nähe der Sasse an. Der laut jagende Hund lässt den Jäger wissen, wann sich der Hase wieder nähert und er sich schussbereit machen muss.

Diese raumgreifende Jagdart setzt – zum Teil sogar gesetzlich vorgeschriebene – Mindestreviergrößen voraus. In unseren Breiten wird die Brackierjagd vor allem noch in Bergregionen – insbesondere auf den Schneehasen – ausgeübt.

Treibjagd

Die mit Abstand meisten Hasen werden Jahr für Jahr auf Treibjagden erlegt. Die gängigsten Arten sind hier kurz beschrieben.

Kreisjagd oder Kesseltreiben

Die Kreisjagd – auch Kesseltreiben genannt – setzt ausgedehnte Feldreviere voraus, um die einzelnen Triebe möglichst groß anlegen zu können. Dabei wird ein Geländeteil umstellt, indem Schützen und Treiber von einem oder auch mehreren Punkten ausgehend um diesen Geländeteil einen geschlossenen Kreis bilden. Ist der Kreis geschlossen, rücken Schützen und Treiber gegen die Kreismitte vor. Zwischen den einzelnen Schützen gehen dabei ein oder mehrere Treiber. Zu Beginn, wenn der

Geländeteil noch sehr weiträumig umstellt ist, darf in den Kreis hinein geschossen werden. Wird er zu eng und besteht dadurch Gefahr für die gegenüber befindlichen Jäger und Treiber, darf nur mehr nach außen geschossen werden. Der genaue Ablauf einer Kreisjagd – und vor allem die dazugehörigen Signale – werden vorab vom Jagdleiter festgelegt und den Schützen und Treibern mitgeteilt.

Die beste Zeit für eine solche Kreisjagd auf Hasen ist ab Mitte November, wenn alle Felder abgeerntet sind und für die Hasen kaum bis keine Deckung mehr vorhanden ist.

Streifjagd

Bei der Streifjagd gehen Schützen und Treiber in einer möglichst geschlossenen Linie vor. An den Rändern links und rechts bilden weitere Schützen und Treiber noch zwei vorgezogene Flügel. In dieser Formation durchstreift man das zu bejagende Gebiet und schießt auf die vor einem hochwerdenden Hasen. Achtung: Schüsse von hinten zerstören das beste Wildbret. Deshalb sollte der Hase von der Seite beschossen werden.

Vorstehtreiben

Beim Vorstehtreiben werden die Schützen angestellt. Eine Treiberwehr treibt die Hasen bei dieser Jagdart den Schützen vor die Flinte. In der Treiberkette können vereinzelt auch Schützen mitgehen.

Gerade bei Treibjagden sollte man immer auch Sorge tragen, dass nicht zu viele Hasen erlegt werden. Einfache Maßnahmen sind etwa, die Abstände zwischen den Schützen – aber auch zwischen den Treibern – nicht zu eng zu gestalten und den Hasen die Chance zu lassen, übergangen zu werden oder auch seitlich über die Flügel unbeschossen auszubrechen.

Schusszeichen

Ein Hase verendet in der Regel nicht an der Schussverletzung, sondern aufgrund der Schockwirkung. Die Schrote müssen ihn also mit entsprechender Wucht treffen. Dies ist meist dann der Fall, wenn der Wildkörper an mindestens fünf Stellen gleichzeitig von Schroten getroffen wird.

Rolliert ein Hase im Schuss, ist dieser meist tödlich getroffen. Angebleite Hasen zeichnen oft gut, flüchten aber häufig nach einer kurzen Erholungsphase in hoher Geschwindigkeit. Sie verenden teilweise erst in weiter Entfernung vom Anschuss. Genaue Nachsuchen mit gut abgeführten Hunden sind daher unabdingbar.

Nachsuche

Ohne brauchbare Hunde ist das Auffinden kranker Hasen kaum bis gar nicht möglich. Über Tierschutz und Weidgerechtigkeit hinaus sind daher gut abgeführte Jagdhunde – und deren erfahrene Hundeführer – allein schon für eine saubere Wildbret-Gewinnung unverzichtbar.

Wildversorgung

Abgesehen von guten Hunden, gibt es auch ein paar wichtige Handgriffe, die jeder Hasenjäger beherrschen sollte.

Abschlagen

Nicht jeder Hase ist bereits verendet, wenn er vom Hund apportiert oder vom Treiber oder Schützen aufgenommen wird. Man hält den Hasen dann an den Sprüngen hoch und versetzt ihm einen kräftigen Genickschlag hinter die Löffel. Dieser kann mit der Kante der flachen Hand erfolgen oder mit einem handlichen Knüppel oder Stock.

Auswerfen

Beim Auswerfen entfernt man beim Hasen die Eingeweide. Dazu schärft man den Balg vom Weidloch bis zum Brustbein auf, durchtrennt das Zwerchfell und entfernt – ähnlich wie beim Schalenwild – die inneren Organe und das Gescheide.

Gerade bei warmer Witterung wirft man den Hasen möglichst rasch nach der Erlegung aus.

Abbalgen

Für das Abbalgen ist neben einem scharfen Messer unbedingt auch eine saubere Unterlage oder ein Ort zum Hängen nötig. Die Reihenfolge der einzelnen Schritte wird von Jäger zu Jäger oft unterschiedlich durchgeführt – nachfolgend beispielhaft eine mögliche Vorgangsweise:

Der Hase wird an je einem Hinterlauf aufgehängt und ein Rundumschnitt an beiden Sprunggelenken gemacht. Danach wird auf den beiden Innenseiten der Sprünge bis zum Weidloch aufgeschärft und der Fleischkern der Blume entfernt. Die Vorderläufe werden ebenfalls rundum an den Gelenken umschnitten. Danach zieht man den Balg von den Hinterläufen beginnend bis zum Kopf hin ab, wobei dies großteils mit den bloßen Händen gemacht wird. Bei Bedarf – immer aber unter Zug – setzt man auch das Messer ein. Dann wird der Hals zum Kopf hin abgestreift, wobei man die Knorpel der Löffel mit dem Messer durchtrennt. Auch rund um Seher und Äser wird man mit dem Messer nachhelfen müssen.

Sollten Kopf und auch Vorder- wie Hinterpfoten nicht verwertet werden, können diese beim Abbalgen gleich abgetrennt und entsorgt werden. Zum Abschluss löst man noch Hämatome und sichtbare Schrote aus dem Wildbret aus.

Besonders bei Herbstjagden bei noch vergleichsweise hohen Temperaturen sollte erlegtes Wild rasch ausgeworfen, abgebalgt und gekühlt werden. Ein stundenlanges Streckenlegen mag zwar stimmungsvoller Ausklang einer Jagd sein, der Wildbrethygiene dienlich ist es zweifellos nicht.

Trophäen

Abgesehen von einem sauber gegerbten Balg, bietet der Hase noch eine kleine, aber sehr feine Trophäe: Diese besteht aus den Schnurrhaaren am Kopf, die meist zu einer Rosette gebunden werden. Bedenkt man, dass pro Hase nur rund 8 Einzelhaare für ein solches Schmuckstück in Frage kommen, muss man schon mit rund 200 bis 300 Hasen rechnen, um sich einen schönen, dichten Hasenbart auf den Hut stecken zu können …

... und bevor Sie in den umfangreichen Bildteil zum Feldhasen eintauchen, legen wir Ihnen noch weitere fabelhafte Fibeln aus dem Österreichischen Jagd- und Fischerei-Verlag wärmstens ans Jägerherz: →

Bildteil

Im abschließenden Kapitel folgen den Worten aussagekräftige Bilder. Sie stammen allesamt mitten aus dem Leben des Feldhasen: von der Rammelzeit über die Jugendentwicklung bis hin zur Körperpflege.

Feine Sinne.

Seitlich und hoch am Kopf liegende Seher geben nahezu einen Rundum-Blick. Dazu kommen gutes Gehör, eine feine Nase und lange Tasthaare.

Lebensraum Wald.

Den Waldhasen als eigene Art gibt es nicht – sehr wohl aber Feldhasen, die auch im Wald leben und dort gute Nahrung und Deckung finden.

Lebensraum Feld.

Als Kulturfolger fühlt sich der Feldhase auf unseren Äckern wohl. Hier gibt das aufgehende Maisfeld sowohl Deckung als auch genügend Sicht.

Vegetarischer Feinspitz.

Feldhasen sind wählerische Pflanzenfresser und bevorzugen Gräser. Durch schnelle Kieferbewegungen saugen sie Grashalme dabei förmlich auf.

Tarnung im Winter.

Auf einer nicht geschlossenen Schneedecke wird der Feldhase mit angelegten Löffeln zu einem Maulwurfshügel und fast unsichtbar.

Tarnung auf Schotter.

Zufall oder bereits Erfahrungswert? Dieser Hase mit auffallend weißen Flecken auf Kopf und Löffeln fühlt sich selbst auf Schotter sicher.

Tarnung auf der Scholle.

Geduckt in eine Sasse, verdeckt ein Feldhase verräterisch weiße Körperteile und verschmilzt so auch farblich perfekt mit der Landschaft.

Tarnung im Stoppelfeld.

Ruhende Feldhasen legen das Hinterteil zum Schutz gern gegen eine Deckung wie einen Baumstumpf oder Busch. Hier dient ein Strohballen dazu.

Lange Sprünge.

In der Bewegung greifen die Sprünge vor die Vorderläufe. Auf Schnee oder weicher Erde zeichnet sich dann die typische Hasenspur ab.

Löffel runter, Blume hoch.

In voller Flucht legt der Feldhase die Löffel an und stellt die Blume auf. Die leuchtend weiße Blume wird so auch zum Signal für Artgenossen.

Mit Höchstgeschwindigkeit.

Eine biegsame Wirbelsäule, das Fehlen des Schlüsselbeines sowie kräftige Hinterläufe machen 60 km/h und Fünf-Meter-Sätze möglich.

Streckübungen.

Nach langen Ruhephasen dehnt und streckt sich ein Feldhase ausgiebig. Wenn es sein muss, sind aber auch explosive Kaltstarts möglich.

Sasse in Arbeit.

Der freigeschlagene Boden neben den Vorderläufen zeigt es: Ein Hase gräbt und bearbeitet eine Sasse vorab mit seinen Pfoten.

Verlassene Sasse.

Eine flache, der länglichen Körperform angepasste Mulde inmitten der schneebedeckten Landschaft: Hier hat sich ein Feldhase ausgeruht.

Kotpillen.

Die Losung ist im Winter eher trocken und gelblich-braun (oben), bei saftiger Nahrung im Sommer mehr dunkelbraun und feucht (unten).

Blinddarmkot als Nahrung.

Zur besseren Futterverwertung nimmt der Feldhase den eigenen, mit Vitaminen angereicherten Blinddarmkot nochmals auf – direkt vom Weidloch weg.

Reinigung im Schleudergang.

Durch kräftiges Schütteln der Vorderläufe befreit sich der Feldhase von Dreck und Wasser. Seine Löffel hat er dabei aber nicht verloren …

Maniküre.

Danach folgt die Reinigung der Pfoten. Steinchen und Erdklümpchen werden meist mit den Zähnen entfernt, feuchte Stellen trockengeleckt.

Deo für die Sohlen.

Aus den Wangendrüsen wird während der Körperpflege auch Sekret auf die Sohlen verteilt – um später eine eigene Duftspur legen zu können.

Pedikgüre.

Besonderes Augenmerk gilt bei jeder Säuberung den kräftigen Sprüngen und den Zehen. Zunge und Zähne kommen dabei zum Einsatz.

Trockenlegung.

Kälte ist für den Feldhasen selten ein Problem, Feuchtigkeit hingegen schon. Dieser Hase leckt sich daher akrobatisch die Nässe aus dem Fell.

Sprünge zum Löffelputzen.

Die Außenseiten der Löffel werden mit den Vorderläufen gereinigt, die Innenseiten mit den Sprüngen. Oder sie sind wie hier Kratzbürsten.

Sandbad.

Um Ungeziefer abzuschütteln oder sich davor zu schützen, wälzt sich der Feldhase häufig ausgiebig in Sand oder auf trockener Erde.

Eigener Duft.

Vor dem Sandbad bearbeitet der Feldhase den Boden mit den Pfoten. Das dabei aufgetragene eigene Sekret gelangt so auf den ganzen Körper.

Hochzeitsgesellschaft.

Zur Rammelzeit werden Hasen gesellig. Mitunter finden sich auch unbeteiligte Zaungäste ein. Die größten Ansammlungen sieht man im Frühjahr.

Boxkampf zwischen Rivalen.

Kommen sich zwei Rammler in die Quere, fliegen manchmal auch die Vorderpfoten. Schwere Verletzungen sind dabei allerdings äußerst selten.

Typisch Männchen.

Dieser Rammler mit sichtbarem Penis macht einen Kegel, um der Häsin rechts zu imponieren. Sonst dient das Kegelmachen eher der Orientierung.

Sichtbare Erregung.

Der schlauchförmige Penis des Rammlers ist nur bei Erregung zu sehen. Das Geschlechtsteil der Häsin ist im Gegensatz dazu rinnenförmig.

Der Häsin hinterher.

Der Rammler wittert meist die paarungsbereite Häsin und folgt ihrer Spur. Mit Nachlaufen und Beschnuppern beginnt das Liebeswerben.

Gestresste Weiblichkeit.

Das hohe Tempo, Hakenschlagen und die weit aufgerissenen Seher verraten es: Die Häsin vorne fühlt sich vom Rammler (noch) bedrängt.

Harn als Liebesparfum.

Im Liebesreigen versucht der Rammler die Häsin immer wieder zu beharnen. Je öfter ihm das gelingt, umso schwächer wird ihre Gegenwehr.

Auf Tuchfühlung.

Die Häsin zeigt sich willig und lässt den Rammler bereits nahe an sich heran. Interessant ist auf diesem Bild auch die sehr unterschiedliche Fellfärbung.

Bereits auf Kuschelkurs.

Sind sich Häsin und Rammler schließlich einig, sondern sie sich meist ein wenig von der Rammelgruppe ab und beginnen wild zu kuscheln.

Vorspiel.

Mit viel Körperkontakt und fast zärtlichen Berührungen bringt sich das Liebespaar in Stimmung und legt dazwischen immer wieder Pausen ein.

Zungenspiele.

Belecken sich – wie auf diesem Bild – Rammler und Häsin bereits gegenseitig, dann steht der Geschlechtsakt kurz bevor.

Ohne Worte.

Die klassische Stellung bei der Paarung: Der Liebesakt wird mehrmals wiederholt. Der Rammler nimmt außer seiner Häsin nichts mehr wahr.

Erste Lebenstage.

Noch liegen die Junghasen eng beisammen, um sich gegenseitig zu wärmen. Die Häsin bereitet keinerlei Nest für den Nachwuchs.

Einsame Kindheit.

Nach wenigen Tagen rücken die einzelnen Junghasen voneinander ab. Treffen gibt es nur mehr, wenn die Häsin kurz zum Säugen kommt.

Muttermilch.

Stets aufmerksam auf den Sprüngen sitzend und niemals liegend säugt die Häsin ihren – in diesem Fall – schon bald selbstständigen Nachwuchs.

Quarthase.

Dieser Junghase hat noch einen rundlich-kindlichen Kopf und ist wohl noch keine 2 Monate alt. Vom Aussehen ähnelt er eher einem Kaninchen.

Halbhasen im Doppelpack.

Bei diesen 2 bis 3 Monate alten Junghasen sticht auf den ersten Blick die noch einheitliche Fellfarbe als möglicher Altershinweis ins Auge.

Vom Halbhasen zum Dreiläufer.

Das Kindchenschema geht langsam verloren, zudem wird das Fell dieses Junghasen an Kopf und Wildkörper zunehmend kontrastreicher.

Dreiläufer.

Hier verrät – ohne direkten Größenvergleich – wohl am ehesten noch das kindliche Gesicht den erst etwa 3 bis 4 Monate alten Junghasen.

Vom Dreiläufer zum Althasen.

Der Wildkörper ist nahezu ausgewachsen, doch gibt hier die sehr einheitliche Färbung des Kopfes noch am ehesten Auskunft: ein Dreiläufer.

Wachsamer Althase.

Hier sprechen der längliche Kopf und das kontrastreiche Fell eindeutig für einen Althasen. Ob 1 Jahr oder schon älter, bleibt aber ungewiss.

Althase im Schnee.

Aus dem Schneehaufen sichert eindeutig der bunte, längliche Kopf eines Althasen. Einschneien lassen sich Feldhasen übrigens nicht.

Bunte Strecke.

Am selben Tag erlegt: oben Hasen mit hellem Sommerhaar, unten mit dunkleren Winterbälgen. Auch das weiße Bauchfell ist unterschiedlich groß.

Seltene Brustfärbung.

Ein Beispiel dafür, wie unterschiedlich die Fellfärbung einzelner Feldhasen sein kann: ein Althase mit auffallend oranger Brust.

Im Fellwechsel.

Von Februar bis Juni verliert der Hase die Unterwolle und ist eher struppig. Der Wechsel ins Winterhaar verläuft wesentlich unauffälliger.

Hasenjagd mit Hund.

Gut abgeführte Jagdhunde sind für Bringung und Nachsuche unverzichtbar. Eine Hasenjagd darf nicht mit Hundetraining verwechselt werden!

Schnelle Kühlung.

Erlegte Hasen gehören rasch ausgeworfen, abgebalgt und in den Kühlraum. Vorab sollten sich die Wildkörper möglichst nicht berühren.

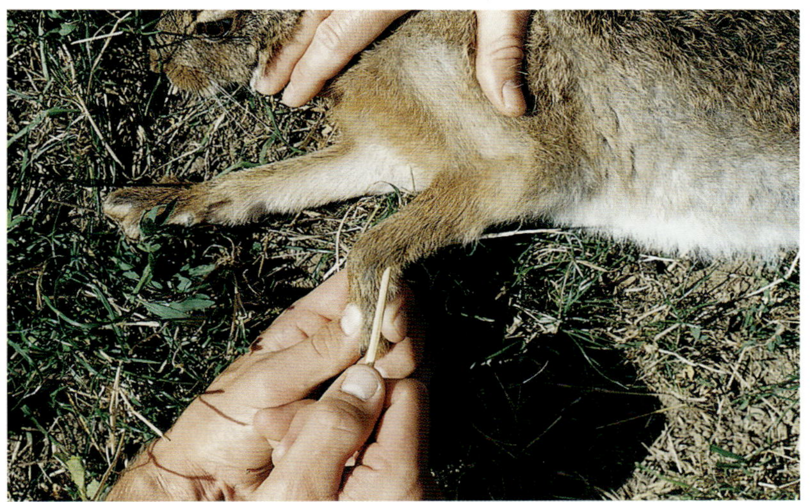

Stroh'sches Zeichen.

Der Halm markiert jene Stelle am Vorderlauf eines Feldhasen, an dem sich an der Wachstumsfuge der Elle das sogenannte Jugendknötchen befindet.

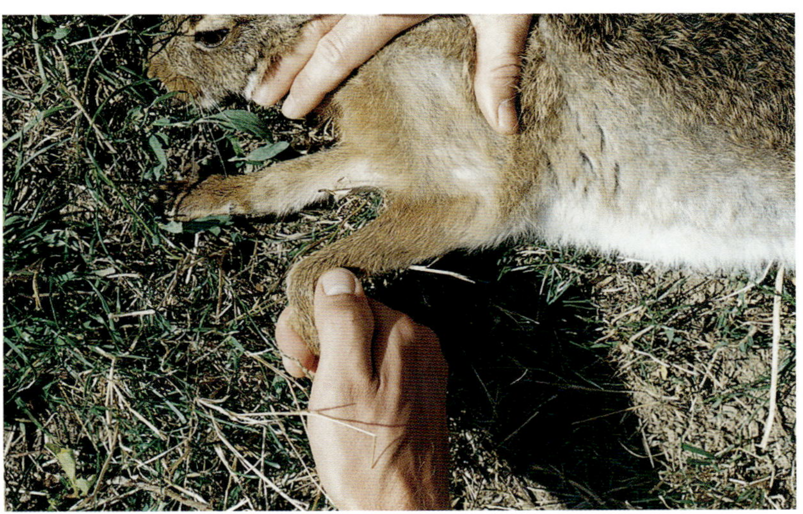

Jugendknötchen ertasten.

Mit dem Daumen lässt sich die knotige Verdickung am besten ertasten. Mit 7 bis 10 Monaten verschwindet diese Verdickung beim Feldhasen.

Blumengruß zum Abschied.

Helle Löffelflecken, schwarze Spitzen und die weiß gerandete Blume leuchten nicht nur für Artgenossen. Es ist ein Bild, auf das auch wir in Zukunft nicht verzichten wollen!